AF313366

APERÇU

SUR LE

PHYLLOXERA VASTATRIX

SUR LES

CAUSES DE SON APPARITION

ET

SUR SA DESTRUCTION.

Par A. RICHARD, Ingénieur civil à Dax.

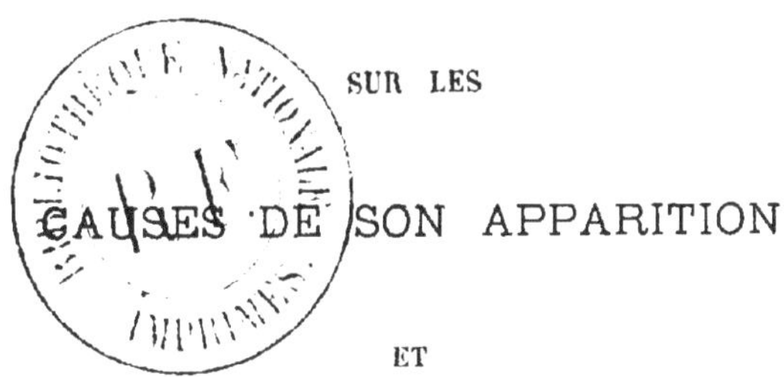

DAX.

Marcel HERBET et Cie, Imprimeurs-Éditeurs,

RUE DE LA FONTAINE CHAUDE, 23—25.

1874.

APERÇU

SUR LE

PHYLLOXERA VASTATRIX

SUR LES

CAUSES DE SON APPARITION

ET

SUR SA DESTRUCTION.

———

Un fléau terrible frappe depuis quelques années une de nos branches d'agriculture et nous fait redouter qu'une de nos plus précieuses ressources nationales, la vigne, se perde complètement.

En effet, ce fléau est d'autant plus redoutable qu'il est moins accessible aux investigations faites pour découvrir son origine, son mode de reproduction et de propagation, et qu'il suit une marche progressive de plus en plus assurée.

La présence du Phylloxera Vastatrix, si justement qualifié, est révélée par un dépérissement rapide de la plante attaquée. Le feuillage jaunit et la mort suit de près ce signe caractéristique.

Le doute règne encore sur les circonstances qui provoquent son apparition. Elles ne peuvent qu'être climatologiques ou pour mieux dire météorologiques.

Les uns prétendent que cette apparition est due à un état spécial et maladif de la vigne, tandis que d'autres assurent qu'elle est la cause et non l'effet. Je me range parmi ces derniers, c'est-à-dire parmi les Phylloxéristes. MM. Paul Thénard et Guérin Menneville sont de la première de ces opinions, sans toutefois l'affirmer catégoriquement. Ils restent prudemment sur la limite des deux versions, en avançant que les vignes Phylloxérées le sont en vertu de prédispositions natives ou diathésiques des plants à contracter cette maladie, opinion qui n'est d'ailleurs réfutée par personne que nous sachions, et ils en déduisent la conclusion suivante : que le Phylloxera ne s'attaque jamais au bois sain. Une maladie quelconque, soit chez les hommes, soit chez les animaux, comme chez les plantes, ne se développera, comme nous le dirons dans le corps de cette brochure, qu'à raison des prédispositions des sujets ; mais ces controverses amènent la confusion entre les causes et les effets, sans pour cela avancer la question. MM. Planchon et Lichtenstein croient avoir découvert que le Phylloxera est le résultat d'une gale qui se développperait sur les feuilles de la vigne. C'est comme si ces Messieurs venaient nous dire que l'Acarus ou Sarcopte de la Gale est le résultat du nid et des galeries dans lesquels il loge chez l'homme et chez les animaux. Nous démontrerons plus loin que cette gale est produite par le déchirement des fibres des végétaux et des racines par l'animal qui vit de leurs sucs et que ces blessures donnent lieu à des boursouflures variées que ces Messieurs désignent sous le nom de Gale, généralement admis d'ailleurs. Laquelle des deux opinions est la vraie ? Des études micrographiques très-suivies pourront seules résoudre ce problème et aideront à une application plus raisonnée et plus efficace des moyens curatifs. Nous comptons que la somme d'observations que nous apportons nous ralliera ceux qui n'ont pas d'opinion arrêtée et qu'elle nous amènera les indécis du camp opposé.

Ce que l'on a malheureusement constaté, c'est que ce petit être est doué, comme presque tous les microzoaires, d'une puissance de reproduction et de vitalité surprenante. Comme d'autres infiniment petits, il joue un de ces rôles immenses qui surprennent notre imagination et nous frappent de stupeur.

Rentrerait-il dans la série de ces êtres que la nature emploie dans ses manifestations de l'harmonie universelle et dont souvent le but réel échappe à notre esprit, et qui, habiles ouvriers, sèment la ruine ou créent des monuments que toutes les races humaines réunies ne sauraient produire ?

Qui est resté insensible à l'examen à la loupe d'une boue recueillie par des sondages dans les plus profonds abîmes de l'Océan et qui est constituée par des myriades de microzoaires aux formes géométriques multiples dont les carapaces siliceuses ou calcaires seront les roches des continents futurs ? Ils vivent sous une pression telle que nul autre être vivant n'y pourrait résister.

Qui ne connaît la roche siliceuse de Bilin (Bohême) dénommée vulgairement tripoli, formée presqu'exclusivement de dépouilles d'animaux infusoires carapacés ? Un phénomène plus extraordinaire encore est reconnu dans les terrains aquifères inférieurs de Berlin où des myriades de myriades d'êtres de ce genre vivent, se reproduisent et se propagent en constituant une roche de leurs débris en voie de solidification dans la partie basse et quoique recouverts de terrains fort épais. Cette couche augmente sensiblement de puissance et les générations nouvelles se superposent constamment sur les restes des générations précédentes. La vitalité de tous ces simples est aussi extraordinaire que leurs œuvres sont colossales. Toutes ces révélations et d'autres aussi extraordinaires nous sont faites par le microscope d'un usage trop peu fréquent encore, à notre sens. Lui seul peut nous mener de surprise en surprise par les intéressantes découvertes des mystères du monde, des imperceptibles. C'est avec son concours qu'on pourra poursuivre utilement les diverses phases de la vie du ravageur qui porte l'affliction partout, et jamais étude n'aura été faite plus utilement.

Jusqu'à ce jour, il a démontré que la larve du Phylloxera se nourrit des sucs de la vigne, puisés sur les feuilles ou sur les racines en leur occasionnant des déchirures qui les empêchent de répondre à leur destination. Ces conditions de viabilité l'obligent à une existence souterraine où il subit diverses évolutions et transformations, dont la durée est inconnue, avant d'arriver à l'état d'insecte parfait. A cet âge, il monte sur les feuilles au détriment desquelles il subsiste alors exclusivement.

M. Heuzé a publié un mémoire très-intéressant sur cet être et a révélé quelques traits caractéristiques de ses mœurs. L'invasion remonte à 1863 et a été observée dans plusieurs communes des environs d'Avignon, sur la rive gauche du Rhône, dans le département du Var, point de départ, d'où elle a rayonné ensuite. On l'attribue à l'importation de vignes exotiques expérimentées dans les pépinières de Tarascon ; cependant il règne de certains doutes à cet égard et d'anciens ouvrages signalent des variétés de Phylloxeras. M. Boyer de Fonscolombe, entre autres, parle du Phylloxera dans un ouvrage publié avant 1840.

Un entomologiste distingué de Montpellier, M. Planchon, le premier, l'a étudié sérieusement, et reconnut en lui un puceron de l'ordre des hémiptères, homoptères, c'est-à-dire, ayant la bouche en suçoir et possédant des ailes. Il se reproduit par des œufs qu'il dépose comme le font les pucerons d'autres végétaux, en produisant par les piqûres de son suçoir des boursouflures où se logent les larves quand elles éclosent et qui, à leur tour, peuvent produire un effet analogue, soit pour changer de logement, soit pour subsister au détriment de la plante dont ils déchirent les cellules de toute nature afin d'absorber les sucs qui en proviennent. C'est la section de ces tissus qui donne lieu à ces rejets boursouflés. Quand le Phylloxera est jeune, il est beaucoup plus petit que le puceron du Rosier ou du Cinéraire et il possède une nuance qui permet de le confondre avec la feuille, ce qui le rend, par conséquent, doublement invisible à l'œil nu. A l'état de larve, il est un peu plus gros et plus long. Il atteint alors le quart d'un millimètre et peut se voir sans le concours d'instruments grossissants ; sa couleur aussi est plus vive à cette époque.

A l'état d'insecte parfait, la femelle seule est pourvue d'ailes, et sa taille reste au-dessous de celle de la larve. Les ailes aident peu à la femelle et le vent la transporte plus qu'elle ne pourrait le faire par sa propre volonté, et parfois à des distances considérables ; elles ne lui servent en quelque sorte que pour la soutenir. Elles ne facilitent leur enlèvement qu'au moment où elles sont fécondées, ce qui a lieu particulièrement aux mois d'Août et de Septembre, — pour se semer suivant les caprices du vent auquel elles se confient, obéissant ainsi à la grande loi de la propagation par voie de migration des espèces qui ne peut avoir lieu qu'à la condition de trouver un milieu favorable au développement des générations à venir. Un exemple frappant de ce genre a été observé très en grand le 28 septembre 1834, par M. Morren qui le rapporte et qui s'est beaucoup occupé des Pucerons. Par un vent peu violent, une nuée de Pucerons du Pêcher parut entre Bruges et Gand. Le lendemain, dans cette dernière ville, on les vit voltiger en masses tellement denses, qu'à distance on aurait pu les prendre pour des nuages qui, effectivement, avaient obscurci la lumière du jour. Sur les remparts, on ne put plus distinguer les murs des maisons, tant ils en étaient couverts.

La route d'Anvers à Gand était noircie de leurs innombrables légions. Pour se garantir les yeux et les voies respiratoires, on était obligé de s'appliquer des foulards ou des voiles sur le visage. Ensuite, ils se sont disséminés dans toute la contrée.

Aussi ne doit-on pas s'étonner que la propagation du Phylloxera se fasse dans la direction des courants atmosphériques régnants qui rasent le sol. Les vents locaux de la Crau, le mistral et les vents du Sud, vent marin, siroco, en suivant les dépressions ou vallées du Rhône, des Corbières et de la Montagne Noire, l'ont amené presque parallèlement le long des Alpes et du Jura d'une part, et des Pyrénées d'autre part jusqu'aux points où il est actuellement cantonné. Le massif des Cévennes, le massif Central d'une altitude relativement considérable ont été épargnés ou du moins n'ont pas été ravagés comme les pays inférieurs qu'ils dominent. Lorsque le fléau sera sous l'influence des courants atmosphériques de l'ouest qui sont ceux qui règnent le plus en France, on assistera à sa propagation rapide vers l'est, comme on peut le voir déjà pour les Charentes.

Une fois fixée, la femelle du Phylloxera, d'une fécondité effrayante, peuple vite de vastes surfaces, en déposant un grand nombre d'œufs sous les feuilles de la vigne, agglutinés par une substance résistante, soyeuse et rangés avec soin. Elle les protége, par ces dispositions, des atteintes du soleil et de la pluie. Dès que la larve naît, elle est munie de son appareil de succion ; elle perce les fibres des feuilles et produit cette excroissance en callosité qui devient sa demeure où elle subit ses diverses transformations. La fécondation s'opère par le rapprochement des deux sexes, mais il est probable aussi que les femelles de plusieurs générations se trouvent préfécon-dées et qu'elles donnent naissance, comme d'autres membres de la même famille mieux étudiés, à des petits à l'état parfait, sans passer par les phases oviques et larviques. — M. Balbiani, délégué de l'Académie, a présenté à la commission du Phylloxera un mémoire qui démontre que le Phylloxera d'automne produit des individus sexués dont l'accouplement donne lieu ensuite à des générations successives de femelles qui se multiplient par parthénogénèse, c'est-à-dire, sans le concours des mâles.

Vers la fin de l'automne et avant la chute des feuilles, des essaims de larves apparaissent, produits des femelles de la dernière génération ; celles-ci se laissent tomber sur le sol ou suivent les tiges de la vigne pour s'enterrer assez profondément, afin d'échapper aux froids de l'hiver et à l'infiltration des pluies. Un fait très-intéressant, observé à Lunel en 1870 et qui depuis a été contrôlé par M. Marès, démontre que parfois cet insecte se trouve entouré d'œufs dans les petites mottes de terre, sans qu'aucune racine soit à leur portée, et cela au milieu de l'été. Il est probable que, vivant aussi bien sous terre qu'au contact avec l'air, le Phylloxera y suit les mêmes phases de développement et de reproduction que pendant sa vie aérienne ; mais là, dans ce séjour, n'ayant pas de feuilles, il trouve les filaments, les radicelles tendres qu'il perce comme on sait. Les blessures occasionnées donnent bientôt lieu à des excroissances ou nodules disposées parfois en chapelets, qui étranglent les radicelles et empêchent le passage du suc nourrissier, meurtrières pour la vigne, dans lesquelles il se loge et dont il suce les fluides qui en sécrètent, véritable saignée qui appauvrit le plant ; il y dispose ses œufs qu'on trouve par milliers. Ne pouvant user de sa tarière sur des parties à tissus ou fibres ligneux durs, il n'est pas étonnant de le trouver enfoui aussi profondément, c'est-à-dire dans la région des radicelles et des chevelus les plus délicats, quoiqu'il loge aussi le long des racines quand, surpris par l'engourdissement, il ne peut aller plus bas. Au printemps, les générations nouvelles remontent sur les tiges, réveillées par les premières ardeurs du soleil, et la grande évolution recommence dans le cercle défini.

L'introduction des jeunes Phylloxeras sous terre est assez curieuse. Ils y pénètrent dans l'intervalle qui existe entre le pourtour du tronc et la terre, espace annulaire provenant du retrait du sol, plus ou moins ouvert. Il leur est impossible d'y pénétrer autrement, n'étant point appareillés pour fouir et creuser. Leur chemin est ensuite tout tracé, les racines n'adhérant jamais d'une façon absolue

avec le terrain qui les contient. Les galeries
sont ainsi préparées pour les petits corps qui
doivent s'y mouvoir. M. C. Cambon, propriétaire du canton de Castries, semble avoir com-
pris cela en élevant la terre contre le cep jusqu'à hauteur du collet et, en la battant bien
contre, il a obtenu de bonnes récoltes quoique
les pieds fussent atteints. — Le Phylloxera com-
munique d'un pied à l'autre par l'entrecroise-
ment des racines. Par ces cheminements souterrains, il rayonne en tous sens comme il le
fait à l'air libre.

Les effets des déchirures des ligaments et
cellules étant reconnus, nous admettons qu'ils
peuvent être plus ou moins meurtriers suivant
l'état de santé, de vigueur des pieds atteints.
— Les plus forts résisteront mieux que les
plus faibles. Mais à déduire de cela que le
Phylloxera naît du dépérissement organique
de la vigne, il y a toute la distance d'une
supposition à un fait. Nous ne pouvons ad-
mettre ce système qui tend à bouleverser tout
le champ d'observation parcouru par nous,
ayant été fréquemment spectateur de faits de
ce genre sur une foule de végétaux examinés
de près.

La seule concession que nous pouvons faire
à cette école des antiphylloxéristes, c'est que
nous reconnaissons que les vignes peu vigou-
reuses souffriront davantage des attaques de

leurs ennemis que celles qui jouissent d'une plantureuse santé.

D'ailleurs, puisqu'il est reconnu que le Phylloxera hante la vigne pendant plusieurs années avant que les effets manifestes se révèlent par un dépérissement complet, ne doit-on pas compter voir des signes de langueur, comme pour toute maladie couvée par une cause inconnue ? Seraient-ce ces symptômes que l'on prendrait pour la maladie qui doit engendrer le Phylloxera et précéder son apparition ? Il y a des vignes couvertes de Phylloxeras et qui paraissent bien portantes.

Attendons un peu et nous verrons les ravages se produire.

Les Antiphylloxéristes, c'est-à-dire ceux qui affirment que le Phylloxera est le résultat de la maladie, reprochent aux Phylloxéristes de ne pas s'occuper de l'origine de l'insecte, tandis qu'eux affirment qu'il serait, en quelque sorte le résultat d'une création spontanée. Par cette prétention, il faudrait mettre sur le compte de la création spontanée tous les êtres que le microscope a découverts et qu'on ne connaissait pas auparavant, parce que notre vue ne pouvait les percevoir.

Au moins les Phylloxéristes n'ont pas l'air de mettre sur le compte de la fatalité le mal qui nous afflige, car ils luttent et s'ingénient pour arriver à l'anéantir, en pensant que le génie humain possède assez de ressources pour le combattre utilement. Les Antiphylloxéristes abandonnent en quelque sorte le champ de bataille, car leur théorie a été stérile jusqu'à présent et nous pensons qu'elle restera telle, puisqu'ils ne proposent rien et ne recherchent rien.

Tout ce qui existe a une origine plus ou moins connue et à quelqu'ordre qu'appartiennent les animaux et les végétaux, ils n'ont pu se répandre et se propager qu'en vertu de lois précises qui règlent leur nombre, leurs stations, leur harmonie. Pour qu'une espèce que l'on ne connaissait pas et qui surgit soudain, vive aux dépens d'un autre, il faut que le milieu devenu favorable à l'un, soit devenu défavorable à l'autre. C'est au moins cette thèse du milieu que les Antiphylloxéristes devraient travailler pour appuyer leurs arguments. Nous tâcherons de le faire pour eux en mettant sur le compte des changements climatologiques opérés par l'homme tout le mal, et nous le démontrerons.

Pense-t-on que la mouche, le Cynips, qui par sa piqûre, produit l'excroissance nommée Noix Galle qu'on trouve sur les feuilles d'une variété de chêne, le Quercus Insectoria, soit une preuve de la maladie de l'arbre ou la conséquence de l'habitat de cette mouche qui ne pourrait vivre ailleurs, étant fatalement attachée à ce genre de Quercus auquel elle confie sa larve, nul autre végétal ne remplissant pour elle les conditions qu'elle y trouve?

Pense-t-on que la mouche Truffifère soit le résultat d'une maladie des racines du chêne qu'elle fréquente et auxquelles elle confie sa progéniture, ou, que ne pouvant subsister ailleurs, elle a la faculté de faire surgir ces excroissances tuberculeuses, délices des gourmets? Elles ne sont qu'une des variétés infinies de ces excroissances, de ces tumeurs hémisphériques, déprimées, mamelonnes, en boules, feuillées, velues, feutrées, fongueuses, osseuses, ligneuses, lisses, ondulées, rudes, etc., qu'on trouve sur tous les végétaux et dont l'origine n'est autre que la piqûre des insectes qui y déposent leurs œufs?

Le chêne réduit à l'état de carcasse dans le S.-O. par les larves du Lucane et du Capricorne dépérit-il parce que ces destructeurs les rongent ou ceux-ci naissent-ils spontanément d'un mal organique? Dans le Nord nous n'avons pas autant de dévastations de ce genre à constater, parce que le climat n'est pas aussi favorable aux Lucanes et aux Capricornes, si communs dans le S.-O.

Peut-on démontrer enfin que la grande tribu des Aphidiens à laquelle appartient le Phylloxera Vastatrix, soit le résultat d'une maladie qui serait particulière à chacune des variétés de végétaux sur lesquels leurs nombreuses familles sont destinées à vivre et dont ils reçoivent les noms, tels que le Puceron du peuplier, du fusain, du bouleau de l'orme, du pommier, du prunier, du tremble, de la vigne, du sureau, du chou, du rosier, de la livêche, du groseiller, de l'ortie, du chanvre, du cinéraire, etc., etc., connus depuis l'époque la plus reculée ?

Depuis longtemps, ces insectes si abondamment distribués dans tous les pays tempérés de l'Europe où ils se développent en prodigieuses quantités sur les végétaux qui leur sont spéciaux ont attiré l'attention des observateurs. Presque sur chaque espèce de végétal il existe une espèce particulière de Pucerons. Dans le Nord ils sont moins communs et dans l'Europe méridionale ils disparaissent presque complètement. En Amérique il n'existerait, affirment certains auteurs, qu'une variété de ce type entomologique, le Phylloxera Vastatrix qu'on suppose en provenir.

Presque tous les Pucerons sécrètent du bout des tubes qui garnissent leur abdomen, un liquide sucré avidement recherché par les Fourmis dont ils sont devenus les vaches laitières et qui les entourent de la plus vive sollicitude. Ces appendices servent à nourrir les petits, les jeunes larves n'ayant pas encore la torce de rechercher leur alimentation seules, au moyen de leurs propres appareils. Les gouttelettes qui perlent au bout de ces tubes sont le sucre des plantes mis à la portée de leurs enfants.

Les tubes terminaux remarqués chez le Phylloxera, ne servent-ils pas aux mêmes usages ? C'est d'autant plus probable que, vivant presque de la même façon, que s'assimilant les parties sucrées comme les autres Pucerons, l'excédant partant par voie d'élimination, doit servir à l'usage des jeunes incapables d'employer leur suçoir. Ce qui le confirmerait, c'est l'absence de ces appendices chez les larves où ils seraient inutiles.

Tous les insectes de cette tribu à la fin de la belle saison se comportent comme tous les autres insectes. La multiplication de l'espèce les tourmente, les mâles et les femelles s'accouplent par une recherche passionnée du premier. La femelle pond des œufs qu'elle colle, soit sur les troncs dans de petites cavités en abris d'écorce soulevée, soit, et plus rarement sous les feuilles, pour passer l'hiver. Ces œufs, collés l'un contre l'autre, sont exposés au midi.

Le printemps revenu, de jeunes femelles éclosent et pendant dix à douze générations successives, elles mettent au jour, fécondées qu'elles sont par les germes de l'œuf que les mères se transmettent, des petits vivants qui sont tous femelles ; se reproduisant sans aucun accouplement nouveau jusqu'à l'automne. On a vu qu'une seule femelle de Pucerons donnait 90 jeunes individus , à la seconde génération ces 90 auront donné 8100 ; à la troisième génération ceux-ci donnèrent 729,000 ; à la quatrième il y en aura 65,610,000 ; à la cinquième 590,490,000 individus dont la progéniture sera de 53 billions, 142,100,000 ; à la septième nous aurons 4 trillons, 782,789,000,000, et à la huitième 441 ^{ons}, 461 ^{bons}, 010,000,000 et ainsi . de suite dans une progression effrayante. Une seule femelle du printemps peut être la souche annuelle d'un quintillion d'individus qui, s'ils ne se trouvaient pas détruits par leurs innombrables ennemis, seraient un sérieux danger, car les pucerons ont été de tous temps considérés comme des insectes fort nuisibles.

Comme nous l'avons mentionné ci-dessus, leur suçoir ou rostre plongé dans les fibres d'un végétal y détermine des nodosités considérables relativement à leur taille minuscule qui désorganisent les tissus et sont très-préjudiciables à la plante. Le suçoir enfoncé dans les tissus, il y déverse un liquide que contient une glande et qui irrite violemment les parties atteintes ainsi que la périphérie. Ajoutez à cela, comme conséquence, l'arrêt du transport de la sève et vous aurez une idée du désordre causé.

Le Puceron Lanigère est ainsi nommé parce qu'il a la faculté de tisser une sorte de laine de coton dont il enduit les feuilles et les branches du pommier qu'il habite.

Celui-là aussi, proche parent du Phylloxera, donne lieu à des nodosités ou excroissances, à des loupes qui rendent l'arbre malade et l'amènent fréquemment à dépérir complètement. Le Puceron Lanigère est arrivé spontanément, comme le Phylloxera, et il a été la désolation, à diverses reprises, de la Normandie. Il ne s'est développé que depuis un temps relativement récent. Là, encore, sans grandes recherches, on a attribué son apparition à une importation de l'Amérique septentrionale. Les pommiers étaient cependant parfaitement sains et l'on n'avait pas songé à croire qu'ils étaient frappés d'une maladie inconnue, dont le Puceron Lanigère serait l'éruption, l'aspect vivant et manifeste.

Selon M. Blot, cet insecte qui a envahi les départements de la Seine-Inférieure, de la Somme, de l'Aisne, etc., s'attaque surtout aux pommiers dont les fruits contiennent le plus de principes sucrés, il se propage rarement sur ceux à fruits âcres ou insipides, de même que le Phylloxera ne s'attaque pas aux espèces de cépages de qualité inférieure, tels que le pi-

quepouts et autres analogues, à fruits acides.
La quantité de sève que le Puceron Lanigère absorbe, rend promptement le bois noueux,
sec, cassant, et les arbres, languissants d'abord,
meurent ensuite.

Dans la division des Aphis, on distingue
encore le Rhizobius Polisellœ vivant aux dépens des racines du Hieracium Polisella ; les
Rhizobius Pini et autres dévorant des racines
et en vivant.

Que de traits caractéristiques communs
entre ces êtres et le Phylloxera !

C'est dans le sol qu'il faut principalement
l'atteindre pendant son hivernage, alors qu'il
ne peut exister au contact d'un air froid, qu'il
s'y trouve à l'état d'œuf ou dans une de ses
transformations, son imperfection des pre-
miers âges, pas plus que son engourdissement
ne lui laissant la faculté ou la ressource de la
fuite. M. Dumas, dans une notice qu'il vient
de publier dans la *Revue médicale,* est de cet
avis et nous sommes heureux d'être appuyé de
l'opinion de cet illustre savant. Etant admis
que le Phylloxera est un insecte aussi minuscule qu'on le voudra, mais enfin, un être
organisé, par conséquent, se reproduisant par
lui-même, pour détruire l'espèce, il faut
naturellement anéantir toutes les individua-
lités qui la composent. Ce résultat peut être
obtenu sur place dans l'endroit occupé et

travaillé par ce ravageur, et par la destruction d'ensemble sur toute la surface du lieu envahi.

La destruction sur place, l'homme peut et doit la tenter ; nous indiquerons plus loin les moyens à employer.

La destruction d'ensemble lui échappe, mais à côté de l'homme il est des êtres qui pour vivre sont obligés d'absorber chaque jour des multitudes d'insectes, des larves, et il suffit de les faire respecter.

L'envahissement fait des progrès inouïs et aujourd'hui les régions éprouvées forment comme un immense demi-cercle dont le centre part de la Méditerranée et dont un des bouts s'allonge vers l'Est dans le Lyonnais et le Mâconnais, après avoir suivi la riche vallée du Rhône qu'il a si cruellement éprouvée et dont l'autre bout se dirige vers la Gironde et la Charente, semant la ruine et la désolation sur son passage. Le fléau monte vers le Nord avec un ensemble désespérant comme pour frapper toutes les régions vinicoles.

Toutes les intelligences étant appelées à concourir à la recherche des moyens les plus efficaces pour arriver à sa destruction, nous venons à notre tour soumettre des observations faites, nous en avons l'espoir, pour éveiller la bienveillante attention de tous ceux

que la question préoccupe. Comme c'est un de
nos éléments de prospérité publique qui est
menacé, le Gouvernement justement inquiet,
a chargé l'Académie des Sciences de veiller à
sa sécurité en donnant ses lumières pour éclai-
rer ce qu'il peut y avoir d'obscur dans la si-
tuation.

Bien des mémoires ont été soumis à la
docte Compagnie. Nous allons passer rapidement en revue les substances proposées pour
la destruction du Phylloxera, parvenues à notre connaissance et leur mode d'emploi. Que
d'ingrédients insecticides à utiliser, mais aussi
que d'inconvénients à leur suite, inhérents à
leur nature.

Beaucoup d'inventeurs ont perdu de vue
que tout en voulant détruire l'impitoyable pa-
rasite, il s'agit avant toutes choses de sauve-
garder la vie de la plante et que pour poursuivre avec efficacité notre ennemi, il est exi-
gé une substance perdurable dans ses effets.

M. Dumas en tête dit que, d'après les
résultats acquis, les moyens se réduisent à
trois : la noyade, l'ensablement, l'empoisonne-
ment. M. Nicollas, propriétaire dans le département des Bouches-du-Rhône, a essayé du
premier de ces trois moyens et il aurait obtenu un certain succès. L'immersion d'une partie de ses vignobles de la Crau et du Puy-
Ste-Réparade, à propos desquels M. Faucon a

donné d'utiles indications, a détruit autant qu'il a été possible de le constater le Phylloxera qui s'y trouvait.

M. Boutin insiste sur la même méthode et il signale la submersion comme employée dans la Crimée, non pour la destruction du Phylloxera, mais à titre d'amendement par colmatage. Nous croyons que la noyade est un procédé très-sûr, mais qui a, outre l'inconvénient de ne pouvoir tuer que l'animal qui se trouve sous terre et de laisser dans une sécurité complète celui qui est fixé sur les feuilles et les troncs ou parties de troncs non couverts par l'eau, — celui d'exiger des dispositions particulièrement appropriées du sol et de grands frais d'élévation et de distribution d'eau, élément déjà rare et coûteux dans les sites élevés. Quelques expositions privilégiées seules, les niveaux inférieurs, pourront l'employer. Les sondages donnant issue aux nappes jaillissantes pourront être d'un grand concours dans les bassins hydrographiques du Rhône, de la Gironde, des Charentes, de l'Hérault, de l'Aude, etc., etc. Presque partout, l'on est sûr d'y trouver à de petites profondeurs des eaux artésiennes qui pourront suppléer à l'absence des eaux de la surface.

Il est facile de se rendre compte de ce que vaut ce procédé de la noyade en observant ce qui se passe dans les vignobles placés le

long des cours d'eau qui dans leurs déborde-
ments les recouvrent et les résultats fournis
par les saisons pluvieuses. Si réellement l'humidité est aussi contraire au Phylloxera qu'on
l'affirme, on pourra à bon compte se convain-
cre de l'efficacité de ce remède en se confor-
mant à l'observation des faits ci-dessus men-
tionnés.

L'ensablement, comme la noyade a, à côté
de ses avantages, ses inconvénients. Plus le
sable sera fin et plus il remplira son but. Il
empêchera, en se collant sur les racines, le
passage du Phylloxera, parce que sa fluidité
remplira les moindres vides, tout comme le
sable bien coulant, empêche la souris ou le rat
de creuser sa galerie qui ne pourrait se soutenir dans un terrain aussi meuble. L'idée est
excellente. — Mais ce sable assez fin où le
trouver facilement ? Il est d'un grand poids; sec
il pèse 1450 k. le mètre cube, et si les trans-
ports sont longs, il revient fort cher. De plus
à la première culture qui suivra son placement
au pied des vignes, il se mêlera au sol arable
avec lequel il fera corps. Dans un terrain
argileux ou alluvial, il ne servira à rien.

Le troisième moyen nous semble le seul
rationnel et M. Dumas dit : « Quand on se
» propose d'empoisonner le Phylloxera, on est
» conduit à opérer, au moyen de gaz dont la
» formation serait provoquée sur place, à pro-

» ximité des racines, ou par des vapeurs lour-
» des. »

Il avait été précédé dans cette voie d'application par M. Rommier qui préconise l'emploi des Alcalis de la houille. Il croit que ces ceps très-vénéneux agiraient sur les insectes sans nuire aux plantes.

M. Thénard a vanté aussi l'emploi des produits de la distillation de la houille.

M. Rousseau recommande contre les vignes Phylloxérées les résidus des moulins à huile dits résidus d'enfer.

M. Martineau insiste sur un mélange de charbon de varech et de sulfure de potassium. En présence de l'impuissance reconnue des agents insecticides mis en avant, d'autres recommandent d'arracher et de brûler les ceps atteints, moyen par trop radical, employé dans le Gard, l'Hérault, le Lyonnais, le Mâconnais. Il est infaillible quand les ceps sont presque morts ou desséchés, mais il ne touche que ceux frappés et ne préserve pas les autres. Arrivés à ce degré de dépérissement, la plupart des Phylloxeras les auront quittés et il n'y restera que les larves et les retardataires. Ce sont surtout les Comités régionaux qui recommandent cette méthode par trop exclusive. Parmi les zélateurs de cette catégorie, nous en voyons qui, déroutés par les essais infructueux tentés pour obtenir un agent curateur certain, prétendent que le Phylloxera n'est que le signe par réflexion du mal; que cette vermine est la démonstration de l'état de dégénérescence morbide du plant et qu'elle ne s'attaque qu'aux plantes languissantes et souffreteuses. De pareilles argumentations que nous avons cherché à réduire à leur juste valeur, ne sont certes pas faites pour encourager dans la voie des recherches. Elles avaient déjà été ruminées à loisir lors de l'apparition de l'oïdium et de la Pyrale. Que n'avait-on pas avancé encore à ces époques? Que les maladies qui avaient donné naissance à la Pyrale, à l'Oïdium provenaient de ce qu'on faisait la culture de la vigne sur une trop vaste échelle et dans des terrains peu propres à leur culture.

Mais heureusement, les viticulteurs ne se sont pas rebutés devant ces considérations qui peuvent porter d'autant plus préjudice que quelquefois des bouches autorisées les lâchent, ce qui a permis de combattre ces fléaux avec succès.

L'incinération des vignes touchées aurait permis de détruire le mal à son origine, quand il n'avait encore atteint qu'un petit nombre de pieds; mais aujourd'hui qu'il s'est répandu comme une immense tâche d'huile cela ne servirait qu'à peu de chose.

Comme pour la Pyrale et pour l'Oïdium, il existe un spécifique pour le Phylloxera. Les chercheurs sérieux ne manquent pas, car en France, malgré notre affaissement moral, quand il s'agit d'aider son prochain, le sentiment du devoir se réveille. Revenons aux diverses substances mises en avant. Dans la nomenclature on trouve une foule de préparations chimiques; des liquides plus ou moins denses, des injections dans le sol d'eau bouillante, d'acides liquides ou vaporisés, d'essences minérales et végétales, des engrais salins, de l'acide phénique ou carbolique, de l'arséniate de soude, de l'acide arsénieux, du sulfure de calcium, de la chaux en poudre, de la fleur de souffre, du savon noir, des cendres de bois, de la chaux, du verdet ou acétate de cuivre, du sulfate de fer, de la Pyrite de cuivre, du chl. de chaux, de l'acide carbonique, du jus de tabac, de l'urine de vache. — Il en faudrait des vaches? du brou de noix, du sel marin, de l'eau de mer, etc., etc.

L'eau bouillante perd rapidement de son action par le refroidissement, mais si elle arrivait avec sa température élevée au contact des racines, tout comme les acides recommandés, elle détruirait les pieds arrosés, l'essence de térébenthine, le pétrole et autres huiles essentielles extraites des deux règnes, infiltrées librement dans le sol, produisent un effet **tout** aussi désastreux, tout en n'ayant qu'une durée très-éphémère par suite de leur volatilisation rapide; l'acide sulfureux revient cher et puis son moyen d'introduction par insufflation n'est pas parfaitement sûr.

Dans des vignobles placés dans le voisinage de la mer, celle-ci pénétrant dans le sol en grande quantité aurait réussi à tuer le Phylloxera. Le sel est redouté de tous les insectes, mais les plantes ne résistent pas à de hautes doses de chlorure de Sodium. Il y a un danger réel à réitérer des arrosages de cette espèce et quoique l'Océan ne contienne que 2,85 p. o/o de chl. de Sodium et autres sels, la plupart en dérivant, et quoique la plante en absorbe une certaine quantité nécessaire à son existence, cette substance se trouvant dans tous les végétaux analysés comme un des principes essentiels de leur vie, il faudrait ne pas trop réitérer ces bains. Le sel ne tarderait pas à se fixer en excès sur les racines par suite de l'évaporation du liquide qui le tient en dissolution. Pour se faire une idée du résultat qu'on obtiendrait, on n'a qu'à voir ce qui se passe sur les dunes du littoral du golfe de Gascogne. La projection des poussières salines sur les côtes éloigne à une certaine distance toute vie végétale autre que celle des plantes salicoles. Les pins sur ces dunes ne peuvent vivre à moins 250^m de l'Océan et à cette distance sur une zône continue de 250^m environ, ils végétent misérablement, rabougris, rachitiques. Vers l'intérieur où le sel arrive en dose moindre, le pin vient admirablement et mieux même qu'à de fortes distances de la mer.

Ce serait pis encore avec l'eau de la Méditerranée qui dose 3 p. º/₀ de chlorure de Sodium et sels analogues.

Des corps moins fluides, tels que : goudrons, résines, coaltar, poix, soit minéraux, soit végétaux, ne pouvant facilement se mêler à la terre, restent en pâte par masses isolées, inassimilables par la non-division et se concrétant à la surface, par conséquent ne dégageant aucun des principes espérés. Leur effet est nul.

Nous ne pouvons entrer dans des détails critiques sur l'emploi de tous ces corps qui seront rejetés pour plusieurs causes d'inefficacité, d'élévation de prix et de difficultés d'application, et quelques-uns par suite de leur action néfaste sur la vigne. Autant laisser le Phylloxera continuer son œuvre qu'obtenir sa disparition avec celle de la vigne. Nous regrettons que les partisans de l'idée du Phylloxera n'aient point eux aussi cherché des remèdes contre la maladie qu'ils attribuent aux plants ils n'ont eu à recommander que l'incénération qui n'est pas un remède, mais qui est le meurtre du malade qu'ils font périr avec la maladie.

Notre objectif a été le suivant : Emploi d'un agent combiné ne pouvant laisser aucun doute sur la destruction du Phylloxera, tout en étant complètement inoffensif pour le cep qui restera dans toute sa vigueur et qui pourra acquérir une vigueur nouvelle par suite des modifications avantageuses introduites dans le sol.

C'est de l'observation et de la déduction des faits qu'est née notre idée et son genre d'application. Ces faits nous ont amené à la découverte d'une substance mixte, d'un emploi aussi efficace que peu coûteux. Chacun connaît la répulsion instinctive des insectes pour l'essence de térébenthine et les autres huiles ou essences minérales et végétales. Ils sont, à quelqu'ordre qu'ils appartiennent, frappés de mort si, pendant quelque temps, ils se trouvent exposés aux émanations de ces essences. On sait que leur effet toxique même se manifeste chez l'homme quand il y a inhalation prolongée dans un lieu clos.

Cette répulsion se voit même, quand les dégagements sont peu abondants, mais continus, et nos remarques se sont étendues jusqu'au point de reconnaître que dans les pays où l'on emploie de préférence les échalas ou tuteurs de vignes en bois de pin, surtout lorsqu'ils sont fraîchement coupés, le Phylloxera et d'autres espèces minuscules n'apparaissent point.

La suppression de ces tuteurs et leur

remplacement par des tuteurs en bois de chêne et des fils de métal, et partant suppression
de résine et d'essence, ne facilite-t-il pas l'ac-
cès du Phylloxera ?

Sous nos yeux, au milieu des Landes,
nous avons puisé des enseignements précieux
et qui seraient suffisamment complets si nous
avions voulu nous passer d'expériences con-
cluantes, poursuivis sans relâche, qui paraissent avoir rendu aussi indiscutable que possible ce que nous proposons.

Par l'examen attentif des tas de sciure de
bois de pin, nous avons été conduits au résultat qui couronne nos efforts. L'un sait que le
Pin Maritime est l'arbre le plus résineux de
tous les conifères de notre continent, et que
ses divers produits forment le principal revenu du département des Landes.

La terre y est peu propre en général, à
une autre culture, la Chalosse seule sur la
rive gauche de l'Adour pouvant se livrer à
d'autres branches agricoles. Cette immense
mer de sable siliceux, qui depuis le littoral
règne jusqu'aux points soulevés se prête admirablement à la croissance et au développement de cet arbre précieux qui, trente ans
après qu'il a été abattu, semble pleurer sa
triste destinée en laissant encore couler ses
larmes de résine et d'essence. A Ténériffe, les
pins analogues employés aux constructions

pleurent encore quoique abattus depuis 1,400 ans. Il est exploité sur tous les points et des monceaux de sciure sont les seules traces visibles, avec les souches non arrachées pour la distillation du goudron, de ces exploitations; ils restent au milieu des forêts abandonnés sans emploi. Cette sciure est fortement chargée de résine et d'essence qui y restent fixés à l'état demi fluide. Elle en contient proportionnellement plus que les parties des troncs divisés par le trait de scie et cela s'explique : le passage de celle-ci par frottement donne une température très-élevée qui liquéfie la résine au point qui est en contact avec elle et qui s'infiltre spontanément dans les cellules de la sciure qui se refroidit plus vite et qui la garde incorporée à saturation. Jamais le Thermite des Landes ou d'autres variétés de fourmis ne se fixent à portée des tas de sciure ; les cloportes, les ténébrions, et une foule d'autres insectes qu'on trouve d'habitude logés sous la sciure et sous les fragments d'autres variétés de ligneux, évitent tous ces parages et jamais leur progéniture n'est abritée par eux dans ce séjour néfaste, car on n'y rencontre aucune larve. Le Thermite n'établit sa demeure que dans les vieux troncs de pins, restes d'arbres abattus depuis plus de quarante années, qui n'ont plus aucun aspect ligneux et qui tombent en poussière, poussière brune d'où a disparu toute trace de résine par les lavages successifs dans cette région passablement pluvieuse. Les chenilles processionnaires dont d'innombrables quantités vivent sur les pins dont elles dévorent les feuilles, lors de leurs fréquentes migrations, évitent avec soin les tas de sciure en faisant de vastes détours pour ne pas les trouver sur leur passage. Elles se mettent de préférence sur les jeunes sujets pour éviter de monter sur des troncs résinés et quand il arrive qu'on fait l'opération de la taille, elles se laissent tomber du haut des branches sur le sol pour ne pas avoir à franchir les parties en contact avec la résine qui coule. Par un arrêté du Préfet des Landes, en date du 12 août 1874, il est interdit dorénavant de jeter la sciure de pin provenant des sciëries mécaniques dans les cours d'eau sur lesquels elles sont établies, et cela par suite des plaintes légitimes faites par les populations riveraines depuis de très-nombreuses années. Pour s'en débarrasser par suite de son inutilité, les industriels l'évacuaient dans les rivières.

Elle détruisait les poissons et empêchait leur multiplication.

Les larves des insectes aquatiques tout comme les autres habitants de l'eau fuyaient au loin et elle devenait déserte.

Les poissons qu'on prend quelquefois au-dessus des scieries, sentent l'essence de térébenthine et sont maigres. L'effet toxique les détruisait même lorsque la sciure peu accumulée était chassée au loin. On voit que les animaux de presque tous les ordres sont éprouvés par ce toxique.

Tous les insectes plongés par nous dans des boîtes renfermant de la sciure de Pin ont été frappés de mort dans un temps très-court. Les agents météorologiques ont fort peu d'influence sur ces accumulations de sciure. La surface, immédiatement en contact avec l'air ambiant, seule, est atteinte par le soleil et la pluie sur une épaisseur de 0^m. 10 à 0^m. 15.

En dépassant cette faible couche, ce qui nous est arrivé fréquemment en y creusant des excavations plus ou moins profondes, nous avons été chaque fois frappé de la persistance des dégagements d'essence et de l'état de conservation de chaque fragment de sciure au bout de vingt et vingt-cinq années de dépôt. Après un temps aussi long, la sciure de tout autre végétal serait désagrégée et assimilée à la terre avec laquelle elle se confondrait en produisant de l'humus.

Voilà donc notre corps absorbant assez spongieux pour être saturé complètement et assez inaltérable pour assurer une fort longue durée tout trouvé.

Notre mode de préparation est le suivant : — Nous incorporons dans la sciure autant d'Essence de Térébenthine et d'Essence Pyrogénée qu'elle en peut contenir. La résine concrétée qu'elle possède sera redissoute par les corps fluides que l'on met en contact avec elle et remplaçant ceux qui s'étaient naturellement volatilisés. Leur mélange constitue un vernis qui ne lâchera que petit à petit les effluves d'essence. C'est grâce à cette association qu'on obtient une durée aussi longue des émanations, l'essence, si elle est isolée, disparaissant de suite. Nous passons au crible. La poussière la plus ténue est mise à part pour être projetée sur les feuilles de la vigne, sur les tiges et les branches, comme on fait du soufre.

Les grains plus grossiers sont destinés à être mis sous terre. Placés en contact plus ou moins immédiat avec les racines, sur les feuilles, sur toutes les parties des ceps, cette sciure dégageant successivement l'essence par volatilisation, tuera la larve et fera fuir l'insecte arrivé à l'état parfait, si toutefois il ne meurt pas aussi, et cela sans avoir aucune action sur la plante. Son bon marché par suite de son abondance, l'industrie des bois en fournissant constamment d'immenses quantités qui n'en laisseront pas tarir la source, sa facilité de transport en tonneaux, son peu de poids, rendent cette matière accessible à tous et la manipulation est aussi facile que son application. Nous pouvons affirmer que notre agent toxique est l'asphyxiant par excellence, le plus certain et le plus économique à employer contre les insectes, car des gaz se dégageant sans cesse continuent leurs effets pendant de longues années, même après que la charrue ou la bêche l'auront incorporé dans le sol du vignoble.

Afin d'éviter des frais spéciaux, la culture de la vigne étant déjà trop chargée de dépenses, nous conseillons pour abréger les opérations d'employer notre préparation en même temps que le fumier, sans que l'une puisse nuire à l'autre ; mais ils doivent être placés par couches distinctes, savoir : une toute mince couche de sciure sur les racines d'abord, fumier ensuite, recouvert d'une couche plus épaisse de sciure.

Nous recommandons surtout de placer sur une épaisseur de 0m. 10 à 0m. 15 et sur autant de diamètre de la sciure bien tassée autour du pied de la vigne et qui empêchera la pénétration dans le sol du jeune Phylloxera comme il empêchera sa sortie et qui périra à son contact. Cette couche seule empêchera l'envahissement des vignes qui ne sont pas encore atteintes.

La sciure ameublira le sol par son peu de disposition à la pourriture, le draînera pendant de longues années en facilitant la descente de l'eau le long des pieds jusqu'aux racines inférieures et durera après que le Phylloxera sera oublié. On devra en projeter à la surface du terrain. On évitera de la sorte non-seulement le Phylloxera, mais encore la taupe-grillon, le ver blanc et d'autres ennemis souterrains de nos récoltes.

Ce moyen curatif sera, avec plus de raison, employé comme prophylactique dans les vignobles menacés par voisinage. En effet, l'insecte pourchassé ne pourra jamais choisir comme lieu d'évolution le sol qui le tue une fois constitué ou en germe. Tel est l'exposé de ce que nous croyons de la plus grande nécessité pour l'extermination du Phylloxera en détail. Nous conseillons en outre de donner de bons engrais et des reconstituants sous forme d'amendements, afin que la vigueur soit soutenue par une solide alimentation. Cette règle suivie avec intelligence sauvera la vigne du Phylloxera, ou réduira ses atteintes à ses plus minimes proportions.

Mais pour sa destruction d'ensemble, l'homme abandonné à ses propres forces n'y parviendra jamais, à moins de livrer toutes les vignes à l'incinération. C'est ici le cas de nous accuser nous-mêmes d'une coupable imprévoyance.

En se déclarant orgueilleusement le roi de la création, l'homme s'est tout permis et il a amené la plus profonde perturbation dans l'harmonie et la distribution des espèces créées dans un but d'utilité ou d'agrément.

Nous nous privons des seuls auxiliaires qui peuvent anéantir les parasites de nos denrées agricoles. La guerre acharnée, irréfléchie que nous faisons aux oiseaux insectivores, nous fait perdre les aides naturels les plus précieux, sans que notre gratitude ou notre pitié nous imposent le devoir de reconnaître leurs services. Eux seuls sont suffisamment doués pour atteindre ce qui échappe à notre vue et à nos facultés grossières.

Pour satisfaire une avidité d'un goût douteux fréquemment, nous immolons impitoyablement ceux que nous devrions tant respecter, les infatigables chasseurs de chenilles. de hannetons, de vers blancs, de larves de toute espèce, de Moucherons, de Pucerons, de Phylloxeras.

Nous nous exposons à nous voir privés de récoltes, de fruits, de vin, ce liquide, aliment par excellence, qui aujourd'hui est d'une nécessité de premier ordre dans toutes les classes de la société, dans les classes laborieuses surtout.

Une loi tutélaire ne viendra-t-elle pas enfin mettre un terme à une extermination aussi préjudiciable ?

Ces êtres qui devraient être protégés par tous, ne méritent-ils pas d'attirer l'attention de la Chambre des députés, du Gouvernement ?

En face de ce grand désastre public, doit-on continuer à laisser à l'arbitraire des préfets, le soin de réglementer leur chasse ?

Un département où la chasse des petits oiseaux est interdite, n'a-t-il pas le droit et le devoir de se plaindre d'un département voisin où elle est permise ? Ce dernier lui nuit considérablement en détruisant ce que lui-même respecte et protége en vue de l'intérêt général.

Ainsi, pour ne citer qu'un exemple, nous nous contenterons de retracer ces lignes extraites d'une feuille de Nancy, (Journal de la Meurthe et des Vosges du 30 août)........
. . . .

« Ou la chasse aux petits oiseaux est fu-
» neste à l'agriculture, et dans ce cas, il faut
» la défendre partout, ou les inconvénients
» qu'elle présente sont insignifiants, et dans
» ce cas, il faut la tolérer partout.

» Mais, assurément, il ne saurait être ad-
» missible qu'une prohibition fut d'entente
» générale dans les Vosges et la Meurthe et
» qu'en même temps cette prohibition fut de
» nulle valeur dans la Meuse. »

En effet, le Préfet de ce dernier département autorise par un arrêté ce que les Préfets des deux autres départements limitrophes défendent.

On voit combien ces contradictions sont fâcheuses.

Les forêts disparaissent, autre inconséquence du Roi de la création, et les arbres commencent à faire défaut aux oiseaux qui viennent, craintifs, confier leur progéniture au dernier refuge, nos bosquets, nos haies, nos jardins, où ils deviennent les victimes de nos enfants, ces incorrigibles dénicheurs de petits oiseaux, encouragés dans cette voie par la faiblesse des parents et dont le résultat est l'insensibilité morale qui sera leur châtiment.

Aussi est-il facile de calculer le moment de leur disparition complète et, déjà, bien des espèces ne laissent plus voir en France que de rares individus.

Nos législateurs feraient un grand acte en empêchant un abus aussi barbare de se perpétuer et qui fait perdre toutes les années à notre pays, déjà si éprouvé par ailleurs, beaucoup trop de millions.

C'est avec le plus grand regret que nous sommes obligé de citer l'Allemagne, à ce propos, mais nous ne pouvons nous empêcher d'y puiser un exemple bon à suivre. — Toute chasse aux petits oiseaux est absolument prohibée sur toute la surface de l'Empire sous les peines les plus sévères ; les récoltes s'en trouvent à merveille et ce qu'il y a de mieux c'est que ces lois prohibitives y sont scrupuleusement observées. — Le délit du dénichement est poursuivi même par voie de visite domiciliaire. L'alimentation publique peut se passer d'une fantaisie gastronomique, mais elle ne peut se passer du manquant provoqué par elle.

Qu'on répare au plus vite cette déplorable lacune. — Une loi égale pour toute la France est urgente et le Gouvernement, en la décrétant, donnera, comme on le fait en Allemagne, aux Instituteurs, la mission de préparer les enfants au respect de la nature peu professé chez nous, et particulièrement des oiseaux qui seuls peuvent entreprendre par leur propagation la destruction du Phylloxera.

Tout se pondère ici-bas : supprimez les maîtres, les ennemis paraissent ; supprimez les petits oiseaux et les fléaux de nos denrées surgissent !

Faut-il rappeler ce qui s'est passé dans le Duché de Nassau ? Un beau jour, de grandes plaintes s'élevèrent contre les moineaux qu'on accusait de tous les crimes, entre autres de celui de dévorer tous les grains. On proclama la mise à prix de tous ceux qu'on pourrait détruire. Quand il n'en est plus resté un seul dans tout le Duché, deux années de complète disette se sont produites. L'inconséquence de la mesure draconienne reconnue, on paya le double du prix qu'avait coûté l'extermination chaque tête réintroduite. Les insectes avaient largement profité de l'absence de leurs chasseurs. Cet hôte familier accueilli avec tous les actes de contrition et

de reconnaissance a pardonné en veillant au salut public si sottement compromis.

L'Angleterre fait toutes les années des importations considérables d'oiseaux pour veiller à ses récoltes, et nous, *le peuple le plus spirituel,* nous les exterminons.

Notre erreur commence à pénétrer dans les masses et de partout, du Nord surtout, se produit une campagne contre la chasse des petits oiseaux et leurs dénichements.

Plusieurs Préfets, soit par ordre supérieur, soit poussés par l'opinion des agriculteurs éclairés, viennent de prendre des arrêtés interdisant les tendues, les raquettes, les gluaux, les lacets, les filets. On aurait bien dû aussi interdire leur chasse au fusil dans l'intérêt de l'agriculture. Ces mêmes arrêtés visent également la préservation des couvées, des nids, des œufs. Si toutes ces défenses sont observées ponctuellement, la destruction des petits oiseaux diminuera d'une manière sensible et ils pourront se multiplier pour faire utilement la guerre aux insectes si nuisibles aux productions de la terre.

Disons que dans le département que nous habitons, les arrêtés préfectoraux, en ce qui concerne la chasse des petits oiseaux insectivores, sont lettres mortes et que les agents chargés de réprimer les délits sont presque toujours d'une tolérance fort coupable. Je pourrais citer dix individus qui, avec leurs filets sur un espace de un kilomètre de superficie seulement, prennent chacun, en moyenne, pendant 45 jours, 50 douzaines de petits oiseaux du genre des bergeronnettes, par jour, ce qui fait 27,000 pendant cette courte saison par destructeur et pour les 10, 270,000. Or, ces oiseaux si connus par leur familiarité et leurs habitudes de chasser les moucherons parmi le bétail de nos prairies sur le dos duquel on les voit courir souvent, et les autres petits insectes invisibles à notre œil (on sait que l'œil de l'oiseau voit 300 fois plus gros que l'œil humain) — produisent (par paire) au moins, 10 jeunes dans leurs deux couvées annuelles. C'est donc une population de 1,350,000 jeunes et 270,000 parents, ou 135,000 paires, ensemble le chiffre effrayant de 1,377,000 oiseaux insectivores dont mes dix oiseleurs privent annuellement l'agriculture.

Nous n'exagérons pas en affirmant que l'on peut multiplier par au moins 500 oiseleurs donnant une part de destruction pareille, se moquant des arrêtés préfectoraux, protégés qu'ils sont par la complicité morale des agents préposés à la répression. Donc, dans le département des Landes seul, la destruction annuelle s'élève *à au moins* 87,500,000 têtes d'êtres de la plus grande utilité. Et dire que dans les autres départements, cela se passe probablement aussi de la même façon. Cette sauvage destruction et cette tolérance de la part de ceux qui devraient sévir contre elle, ne prouvent-ils pas vraiment qu'en France les notions d'histoire naturelle appliquées à l'agriculure sont par trop négligées et que la civilisation tant prônée à tous propos de notre époque est simplement greffée sur la barbarie qui pousse constamment de trop vigoureux scions.

L'irrespect de la loi est un de nos caractères nationaux et la manifestation la plus évidente d'un peuple en décadence; il est la négation de l'autorité et par conséquent la perte de la notion du juste.

Nous devons en passant, un éloge aux savants, et particulièrement à la Société d'émulation des Vosges toujours soucieuse des intérêts agricoles qui a inséré cette année dans le Programme de ses différents concours une disposition promettant des récompenses à toutes personnes qui contribueront avec succès, à la conservation des petits oiseaux quelle que soit leur méthode et qui en fourniront la preuve écrite.

Mais à quoi peuvent servir ces efforts isolés ?

Allons, Messieurs nos Députés, un bon mouvement, une bonne loi égale pour tous et vous aurez mérité du Pays.

Nous avons dit plus haut que les bois diminuaient en France.

En effet, les déboisements ont été faits sur une vaste échelle. Opérés en grand, ils ont amené des changements très-sensibles dans les climats, surtout depuis que les hauteurs ont été dénudées. La météorologie dans beaucoup de nos contrées a subi depuis un demi-siècle de telles variations que les anciens ne s'y reconnaîtraient plus sous le rapport climatologique général. Nous nous demandons si le Phylloxera ne doit pas sa propagation à un milieu nouveau résultat de l'état actuel de notre sylviculture ? Il est certain que les sources ont diminué ou ont été taries faute de l'aliment que leur fournissaient les hautes régions bien garnies de ligneux ; les dégradations, les ravinements sont plus fréquents sur les versants. Les torrents sont plus furieux, les inondations plus rapides et plus réitérées, tout cela parce que l'infiltration lente et la répartition ne se font plus comme autrefois par une distribution d'eau régulière dans le sol à l'aide des racines.

De là, absence de fraîcheur et de vastes contrées sont livrées à la sécheresse. Tous ceux qui ont étudié les montagnes surtout quand elles sont boisées, ont reconnu leur influence sur la production des nuages. MM. Fautrat et Sartiaux se sont appliqués à déterminer l'influence des forêts sur la quantité de pluie répartie sur une contrée, en faisant des observations sur un massif de 5,000 hectares de forêts, puis ils ont répété ces observations à une faible distance de ce massif. Ils sont arrivés à cette conclusion que les forêts forment de vastes appareils de condensation, et qu'il pleut davantage dans les pays boisés que dans les pays découverts.

Humbold a démontré qu'il existe au-dessus des régions boisées un rayonnement frigorifique qui condense les vapeurs. De grandes plantations faites en Egypte y ont fait reparaître les pluies qui avaient cessé depuis des siècles. — Il est utile, à ce propos, de rappeler la sagesse d'un roi d'Espagne qui, voyant que la plupart des Antilles perdaient de leur fertilité par les déboisements, a prescrit pour Porto-Rico que chaque arbre abattu serait remplacé par trois autres. Le pays toujours replanté est resté d'une grande fertilité grâce à la fraîcheur entretenue par l'abondance des eaux.

Ils confirment nos propres observations et celles de tous ceux qui se sont occupés de cette question.

Le Phylloxera s'est développé plus vite dans les pays secs où il a apparu et l'on a remarqué que l'absence d'humidité pendant plusieurs mois a amené au nord de Lyon des conditions climatologiques pareilles à celles du Midi où le Phylloxera se propage le plus et qu'aussitôt cet insecte a signalé sa présence par ses ravages.

M. de la Loyère qui a fait ces remarques, croit pouvoir en déduire que le Phylloxera ne pourra guère avancer beaucoup plus dans le Nord, plus frais et plus humide en général que le Midi. Nous ne partageons pas entièrement sa quiétude. Des étés très-secs pourront y être aussi favorables au Phylloxera que l'est le climat du Midi.

La nature du terrain aussi doit avoir une influence, soit par sa fraîcheur, soit par sa composition minérale. Les vignes plantées dans les alluvions, près des cours d'eau ou dans les parties basses doivent être plus épargnées que celles plantées en argile alimentant moins les pieds par l'humidité capillaire.

S'il est démontré, enfin, que l'humidité empêche le développement ou l'apparition du Phylloxera, les déboisements, entraînant la sécheresse, ne sont-ils pas une cause efficiente ?

Il est à observer d'ailleurs que la culture de la vigne ne se fait qu'au détriment de la forêt que l'on renverse et que c'est dans le pays où la vigne est à peu près la seule culture que le Phylloxera s'est le plus montré.

Aussi à titre de complément des mesures législatives à prendre au point de vue de la conservation des oiseaux comme au point de vue de la climatologie propose-je à la docte Compagnie de rappeler à tous les pays à culture le grand danger provoqué par les déboisements trop généralisés.

MM. les Préfets pourront à ce titre insérer les instructions communiquées par leur bienveillante autorité dans tous leurs recueils des actes administratifs et, si on croit la mesure aussi utile que nous-même, ils pourraient en informer les populations par voie de publicité et d'affichage dans chacune des communes de leurs départements.

Dax, le 27 août 1874.

A. RICHARD,

Ingénieur.

P.-S. — Au moment où ce qui précède s'imprimait, nous recevions les lignes suivantes que nous nous empressons de joindre à notre travail sans commentaire :

M. Lichtenstein, déjà cité par nous, membre de la Société entomologique de France et de la Société d'agriculture de l'Hérault, vient d'adresser au ministère de l'agriculture et du commerce une lettre relative au mode de reproduction du Phylloxera.

Il a paru utile de porter à la connaissance des viticulteurs la communication de M. Lichtenstein, qui apporte quelques renseignements nouveaux sur la question si importante et si complexe de la nouvelle maladie de la vigne :

« Les études que je poursuis avec ardeur depuis six ans
» sur les mœurs du phylloxera, viennent d'être couronnées
» de succès. Je sais où viennent se transformer et s'accoupler
» ces myriades de pucerons, qui iront dans un mois envahir
» nos vignobles. Ils sont à notre portée et faciles à détruire
» sans beaucoup de frais.

» Aujourd'hui ils essaiment tout comme les abeilles ou
» les fourmis. Des insectes ailés sortent de terre en nombre
» inouï (500,000 par hectare et par jour, d'après une gros-
» sière estimation), ils se dirigent vers les garriques. Là ils
» se posent sur le chêne kermès (Quercus Cococifera, la
» *garouille* en langage languedocien), et ils y déposent des
» œufs de deux dimensions, gros et petits.

» De ces œufs sortent des petits insectes aptères, sans
» suçoir, mâles et femelles, qui s'accouplent immédiatement.

» Il me reste à découvrir comment le produit de cet
» accouplement qui est sans aucun doute la mère fondatrice
» des colonies de l'année prochaine, retourne au vignoble ;
» je continue donc mes recherches.

» En attendant, il est facile de brûler et détruire des
» milliards de ce petit insecte en flambant les touffes de
» garouilles qui bordent nos vignobles.

» C'est un arbrisseau sans valeur aucune ; ancienne-
» ment il fournissait le kermès *(Lacanium vermilio).* Mais
» cet insecte a disparu et a été remplacé par d'autres cou-
» leurs dans le commerce.

» Il y aurait urgence à appliquer le remède, car l'insecte
» ne se met ainsi à notre portée qu'une fois par an.

» Les époques peuvent varier suivant la température
» et les expositions.

» A Lunel, les œufs éclosent déjà. A Sainte-Aunès, la
» ponté commence à peine. A Graveson, elle est en pleine
» activité.

» J'appelle œuf ce que pondent les insectes sur le chêne,
» mais il serait plus juste de dire « chrysalide » puisqu'il en
» sort un insecte parfait et non une larve.

» Véritable Protée, le phylloxera vastatrix offre des
» métamorphoses si singulières qu'il renverse toutes les
» données de la science entomologique ; il commence par un
» œuf et finit par un autre œuf ; mais ce n'est pas ici dans
» une lettre, qui ne doit être que la simple indication d'une
» destruction facile de notre ennemi, que je puis exposer le
» peu que je sais encore de son histoire si compliquée. Je
» craindrais de fatiguer l'attention et je me résume.

» J'affirme aujourd'hui que les Phylloxeras ailés se
» réunissent tous en septembre (dans notre région) sur les
» touffes de chênes kermès. Ils y subissent léur dernière
» métamorphose, et s'y accouplent.

» Il est facile de les détruire alors en brûlant ces arbris-
» seaux de nulle valeur au moment où ils sont couverts de
» pucerons. »

Cette communication étonnante donnera
probablement lieu à des débats à cause de la
nouveauté des observations qu'elle contient.
— Comme il nous est impossible de contrôler
immédiatement les faits, nous nous sommes
contenté de les mentionner.

Toutefois, nous sommes assuré qu'il y a
ici confusion et que le Phylloxera de la vigne
n'est pas celui que M. Lichtenstein a observé
sur le *Quercus Cococifera*.

ERRATA.

Page 16. — § II, 9ᵉ ligne, au lieu de *mamelonnés* lisez *mamelonnées*.

Page 18. — Après le mot *cavités* lisez *ou* au lieu de *en*.

Page 19. — Lisez *donneront* au lieu de *donnèrent*.

Page 30. — § IIII, ligne 10, mettez après le mot *Phylloxera* et lié par un *trait-d'union* le mot *effet*.

DAX. — Imprimerie de Marcel HERBET et Cⁱᵉ, rue de la Fontaine Chaude, 23—25.

www.ingramcontent.com/pod-product-compliance
Ingram Content Group UK Ltd.
Pitfield, Milton Keynes, MK11 3LW, UK
UKHW022135170726
13837UKWH00004B/1582